BEI GRIN MACHT SICH IHR
WISSEN BEZAHLT

- Wir veröffentlichen Ihre Hausarbeit,
  Bachelor- und Masterarbeit

- Ihr eigenes eBook und Buch -
  weltweit in allen wichtigen Shops

- Verdienen Sie an jedem Verkauf

Jetzt bei www.GRIN.com hochladen
und kostenlos publizieren

Henning Singer

Suchtkrankheiten – Symptomatik verschiedener Suchtkrankheiten

Von der Alkoholsucht bis zur Medikamentensucht

GRIN Verlag

Bibliografische Information der Deutschen Nationalbibliothek:

Die Deutsche Bibliothek verzeichnet diese Publikation in der Deutschen National-
bibliografie; detaillierte bibliografische Daten sind im Internet über http://dnb.d-
nb.de/ abrufbar.

Impressum:

Copyright © 2012 GRIN Verlag GmbH
Druck und Bindung: Books on Demand GmbH, Norderstedt Germany
ISBN: 978-3-656-34651-7

Dieses Buch bei GRIN:

http://www.grin.com/de/e-book/205645/suchtkrankheiten-symptomatik-verschiede-
ner-suchtkrankheiten

GRIN - Your knowledge has value

Der GRIN Verlag publiziert seit 1998 wissenschaftliche Arbeiten von Studenten, Hochschullehrern und anderen Akademikern als eBook und gedrucktes Buch. Die Verlagswebsite www.grin.com ist die ideale Plattform zur Veröffentlichung von Hausarbeiten, Abschlussarbeiten, wissenschaftlichen Aufsätzen, Dissertationen und Fachbüchern.

Besuchen Sie uns im Internet:

http://www.grin.com/

http://www.facebook.com/grincom

http://www.twitter.com/grin_com

Suchtkrankheiten

Hier lernen sie in Kürze das Wichtigste über die Symptomatik verschiedener Suchtkrankheiten

kennen. Von der Alkoholsucht bis zur Medikamentensucht.

Kurzüberblick

Inhaltsverzeichnis

1. Alkoholsucht

1.1. Alkoholsucht in Deutschland

Die Alkoholsucht ist die nach der Nikotinsucht die am meisten verbreitete Suchtkrankheit in Deutschland. Fast jeder 30. deutsche ist Alkoholabhängig und jeder 5. Deutsche hat schon einmal Alkohol probiert. Meistens sind Jugendliche davon betroffen. Durchschnittlich in der 7. Klasse nehmen deutsche Schüler das erste Mal Alkohol zu sich.

1.2. Wie entsteht die Alkoholsucht?

Die meisten Jugendlichten probieren Alkohol nur damit sie sich den Anderen anpassen. Sie fühlen sich in der Gruppe stark und sicher. Die meisten nehmen gar nicht mehr wahr, dass sie sich selbst dabei längerfristigen Schaden zufügen. Bei jedem Vollrausch sterben circa 1.000.000 Gehirnzellen ab. Jeder Mensch reagiert unterschiedlich auf den Alkohol. Bei manchen Menschen kann bereits das erste Mal zu einer starken Abhängigkeit führen.

Wenn man in einem Elternhaus aufwächst in dem viel Alkohol getrunken wird, ist man stärker anfällig für den Alkoholkonsum als andere. Wenn man keine Entwicklungsschäden davontragen will sollte man bis zum 24. Lebensjahr keinen Alkohol zu sich nehmen.

1.3. Wie wirkt Alkohol?

Der größte Teil des getrunkenen Alkohols wird über die Schleimhäute des Magen-Darm-Traktes in den Körper beziehungsweise den Blutkreislauf aufgenommen. Wie schnell das geschieht, hängt unter anderem davon ab, was gegessen wurde. Bei nüchternem Magen erfolgt die Aufnahme sehr rasch, wohingegen fettreiche Nahrung den Prozess verzögert. Der höchste Alkoholspiegel im Blut ergibt sich im Durchschnitt zirka 45 bis 90 Minuten nach dem Konsum eines alkoholischen Getränkes. Bei gleicher Alkoholmenge ist die Blutalkoholkonzentration bei Frauen höher als bei Männern. Der Grund: Männer sind schwerer und größer und verfügen daher meist über eine größere Menge an Körperflüssigkeit, in der sich der zugeführte Alkohol verteilen kann. Abgebaut wird Alkohol zum größten Teil in der Leber. Wie Alkohol sich auswirkt, ist abhängig von der konsumierten Menge sowie von der individuellen körperlichen und seelischen Verfassung. Bei regelmäßigem Konsum kommt es außerdem zu einem gewissen Gewöhnungseffekt, der auch Toleranz genannt wird. Durch die Gewöhnung reagiert der Körper weniger empfindlich auf Alkohol. Allein der Promille-Wert sagt also nicht unbedingt etwas darüber aus, wie weit der Einzelne durch den Rausch bereits in seinen körperlichen und geistigen Fähigkeiten beeinträchtigt ist.

An welchen Merkmalen erkennt man Süchtige?

- Der Betreffende verspürt den starken Wunsch oder eine Art Zwang, Alkohol zu trinken.
- Er hat keine vollständige Kontrolle darüber, wann er beginnt zu trinken, wann er wieder aufhört und wie viel er trinkt.
- Er zeigt körperliche Entzugssymptome wie Händezittern, Schweißausbrüche, Herzjagen, innere Unruhe.
- Er trinkt Alkohol, um Entzugssymptome zu mildern (z.B. um morgens die zitternden Hände zu beruhigen)
- Er entwickelt eine Toleranz, d.h. verträgt viel mehr Alkohol als früher bzw. muss viel mehr trinken, um den gleichen Rauschzustand zu erreichen.
- Er trinkt Alkohol auch in sonst unüblichen Situationen (Ein Glas Sekt zum Geburtstag des Kollegen ist eine "übliche Situation". Ein Schluck aus dem Flachmann vor einer Besprechung ist unüblich).

2. Nikotinsucht

Die Nikotinsucht ist in Deutschland genauso häufig wie die Alkoholsucht verbreitet. Der Einstieg in die Nikotinsucht sind anfängliche Motive wie Neugier oder der Wunsch nach Gruppenzugehörigkeit bei Jugendlichen. Das wandelt n sich aber mit der Zeit. Das durchschnittliche Einstiegsalter in Deutschland liegt derzeit bei 11-13 Jahren.

2.1. Wie entsteht Nikotinsucht?

Die meisten Menschen fangen mit dem Rauchen an, um sich bei Freunden oder Verwandten beliebt zu machen. Aber es gibt auch Menschen die in die Abhängigkeit fallen, da es ihnen in ihrem Umfeld nicht gerade gut geht. Es kann durchaus möglich sein, dass sich derjenige, der sich in die Sucht begibt es noch nicht einmal bewusst wahrnimmt. Er sieht die Nikotinsucht als einzigen Ausweg aus seiner Situation. Jedes Jahr sterben 4,5 millionen Menschen auf der Welt infolge des Tabakkonsums.

2.3. Wie wirkt Nikotin?

Nikotin ist ein Nervengift mit vielen Nebenwirkungen. Wie auch auf den Verpackungen zu lesen kann es Lungenkrebs, Schlaganfälle, Herzinfarkte verursachen und begünstigt Gefäßverengungen.
Sobald man eine Zigarette raucht gelangt das Nikotin sofort in dein Gehirn, wo es für einen kurzen Moment sag ich mal wie ein Koffeinschock wirkt. Das heißt dein Gehirn arbeitet für ein paar Minuten auf Hochtouren.
Nach ein paar Minuten jedoch geht der Nikotinspiegel wieder runter und süchtige Raucher werden nervös weil eine Entzugserscheinung eingetreten ist. Somit sieht es so aus als würde bei einem süchtigen Raucher genau der gegenteilige Effekt eintreten, d.h. Nikotin scheint einen beruhigenden Effekt zu haben. Das ist allerdings ein Trugschluss. Ein Süchtiger Raucher gibt vor sich besser konzentrieren zu können wenn er bei einer Denksportaufgabe rauchen kann. Das Nikotin und der Teer und alle anderen Schadstoffe in Zigaretten führen zu Gefäßverengungen welche in einem Herzinfarkt oder Schlaganfall enden können. Außerdem gibt es das sogenannte Raucherbein, was vergleichbar ist mit einer üblen Krampfader. Das Blut kann nicht mehr in der Arterie zirkulieren und der Patient/ Raucher hat kaum auszuhaltende Schmerzen. Wie bei Krampfadern wird diese Raucherarterie geöffnet bzw. "gezogen" und verödet. Bei Schwangeren hat Nikotin erheblichen Einfluss auf die Entwicklung und das Wachstum des Säuglings. Raucherkinder sind meist kleiner und schwächer als Nichtraucherkinder. Darüber hinaus kann es passieren, dass Säuglinge nach der Geburt regelrechte Entzugserscheinungen aufweisen, da ihnen ja nun das Nikotin was sie vorher über die Mutter konsumiert haben fehlt. Passivrauchen ist noch verheerender als Aktivrauchen.

2.4. An welchen Merkmalen erkennt man Süchtige?

Später wird der Griff zur Zigarette fester Bestandteil in vielen Situationen des täglichen Lebens. Hat ein Raucher zum Beispiel gelernt, dass er sich in einer schwierigen Situation mit einer Zigarette beruhigen kann, prägt sich dies ein und er greift beim erneuten Auftreten einer solchen oder ähnlichen Situation wieder zur Zigarette.

3. Internetsucht

3.1. Wie entsteht Internetsucht?

Manche Menschen können im wirklichen Leben keine oder nur sehr schwer Freundschaften finden, daher reichten sie sich einen Account bei Sozialen Netzwerken (z.B. Facebook, Twitter, Schüler VZ,

Lokalisten usw.). Mit Internet-Freundschaften kann man sich heutzutage überall in Kontakt setzen, sogar übers Handy. Mit ihnen kann man rund um die Uhr chatten, Bilder austauschen und Videos hochladen. Knapp ein Drittel der Internetsüchtigen in Deutschland sind Spielsüchtige. Da es eine große Auswahl an Online-Games gibt muss man noch nicht einmal aus dem Haus gehen. Kinder oder Erwachsene werden erst mit der Zeit Internetsüchtig. Meistens liegt es bei den Kindern an mangelnder Zuneigung auf Seiten der Eltern.

3.2. Wie wirkt Internetsucht?

Internetsucht wirkt sich auf den Betroffenen so aus, dass derjenige immer erreichbar sein will. Sein Privatleben wird vom Internet beherrscht. Jeder Süchtige sitzt täglich bis zu 10 Stunden am Internet um sich mit Freunden virtuell zu treffen oder um Spiele zu spielen. Man vernachlässigt seine Interessen außerhalb des Internets. Die Hobbies werden sehr stark vernachlässigt. Man entwickelt sich mit der Zeit zum Eremit.
Es sind knapp 40.000 Menschen in Deutschland Internetsüchtig und davon sind es überwiegend Mädchen.

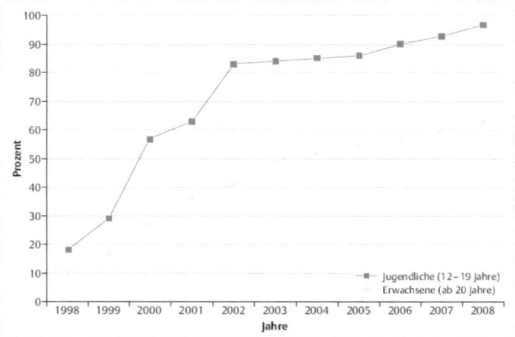

Abb. 1 Die Entwicklung des Internetgebrauchs von Jugendlichen und Erwachsenen nach repräsentativen Studien (Quellen: Jugendliche: JIM-Studie 1998 – 2008 [4], Erwachsene: ARD/ZDF-Onlinestudie 1998 – 2008 [5]).

3.3. wie wirkt Internetsucht?

Die Internetsucht verursacht, dass sich der Betroffene sich immer mehr aus dem sozialen Leben zurückzieht. Er wird nach und nach zum Einzelgänger. Er gibt sich mit dem was ihm im Internet geboten wird zufrieden.
Sein Leben fixiert sich auf das Internet. Seine Stimmung und sein Lebensrhythmus wird immer mehr beeinflusst. Der Süchtige nimmt gar nicht mehr wahr, wie er sich in die Abhängigkeit begibt.

3.4. An welchen Merkmalen erkennt man Süchtige?

Der Betroffene zieht sich aus dem sozialen Leben zurück – er isoliert sich.

4. Medikamentensucht

4.1.Einleitung

Durch Medikamente können sowohl die Psyche als auch Körperfunktionen beeinflusst werden. Solche Medikamente wurden jedoch nicht speziell als Suchtmittel entwickelt, sondern um Krankheiten zu behandeln. Leider haben manche Medikamente aber auch ein gewisses Suchtpotenzial, es entwickelt sich also eine Abhängigkeit vom Medikament.

4.2. Suchtanzeichen

- Immer höhere Dosen des Medikamentes sind nötig, bis die Wirkung erreicht wird
- Suchtverhalten und Entzugserscheinungen nach dem Absetzen
- Der dringende Wunsch, das Mittel auch nach der Heilung weiterhin nehmen zu wollen

Eine solche Sucht entsteht meist unbewusst, etwa während der Behandlung einer Krankheit. Allerdings nimmt in letzter Zeit auch das absichtliche Einnehmen von bestimmten Medikamenten zu, etwa als Ersatzdroge bei einer Drogenabhängigkeit.

4.3. Suchtauslößende Medikamentengruppen
- Hustenmittel
- Schmerzmittel
- Aufputschmittel
- Beruhigungsmittel
- Schlafmittel

Und damit man nicht auf dumme Gedanken kommt wie "Wenn ich zweimal die Woche mein Mittel gegen Kopfschmerzen nehme, passiert schon nichts": Sogar dann kann sich im Laufe der Zeit eine Abhängigkeit entwickeln! Viele Migränepatienten kennen es zum Beispiel, dass im Laufe der Zeit zu immer stärkeren Medikamenten gegriffen werden muss, um den Schmerz zu bekämpfen. Es findet also eine Desensibilisierung statt, auch bei richtigem Gebrauch. Man sollte solche Mittel also wirklich nur dann nehmen, wenn es gar nicht anders geht!

Eine Medikamentensucht kann über längere Zeit zu psychischen und physischen Schäden führen, etwa Ängste, Depressionen oder Wahnvorstellungen, Schädigungen der Leber und der Niere, Herzbeschwerden bis zum Versagen und noch viele andere Schädigungen.

Zurzeit gibt es bei uns ungefähr 2 Millionen Medikamentenabhängige.
Eine Entwöhnung vom Medikament ist ebenso schwierig wie von anderen Drogen, es treten also Entzugserscheinungen oder auch Wesensveränderungen auf.

Wer Hilfe sucht, findet sie zu allererst bei seinem Arzt, natürlich gibt es aber auch andere Beratungszentren und Fachkliniken zum Thema Medikamentensucht.

5. Rauschgiftsucht

5.1. Wie entsteht Rauschgiftsucht?

Rauschgift kam in Deutschland in den späten 1970ern auf den Markt. Es gab es einen regelrechten Boom in Diskotheken und Bars. Seitdem gibt es immer mehr junge Leute, überwiegend Jugendliche die Rauschgift wie Cannabis, Ecstasy, LSD, Crack, Christel oder Heroin zu sich nehmen. Meistens entsteht ein Gefühl der Sicherheit, dann aber lässt das gute Gefühl nach und man entgleitet in ein tiefes psychisches Loch. Die Abhängigkeit ist nicht mehr sehr weit. Das Gehirn registriert nur, dass das Rauschmittel ein anfänglich gutes Gefühl verursacht hat, die weiteren Nebenwirkungen werden nicht mehr registriert. Dadurch wird der Betroffene süchtig.

5.2. Suchtanzeichen

Eine Sucht besteht sobald man sich nicht mehr dem Rauschgift entziehen kann. Bei manchen Menschen wirkt sich der Rauschgiftkonsum halluzinierend aus. Sie flüchten nach dem Rauschgiftkonsum in ihre eigene Welt. Sie könne sich nicht mehr an das erinnern was vorher geschah. Das Rauschgift verursacht starke psychische Schäden.

5.3. Gängige Zuführung von Rauschgift

- Über die Injektion (Spritze)
- Über Filterpapier
- Über die Pfeife

Quellen:

Quellen zum Thema Alkoholsucht:

- http://de.wikipedia.org/wiki/Alkoholkrankheit
- http://www.apotheken-umschau.de/Alkoholismus
- http://www.suchtmittel.de/info/alkoholsucht/
- http://www.hippokrates-zentrum.de/
- http://www.ls-suchtgefahren-lsa.de/alkoholsucht.php
- http://home.arcor.de/hbkost/sucht/a_phasen.pdf

Quellen zum Thema Nikotinsucht:

- http://www.rauchfrei.de/nikotinsucht.htm
- http://www.suchtmittel.de/info/nikotinsucht/
- http://de.wikipedia.org/wiki/Nikotinabh%C3%A4ngigkeit
- http://www.raucherentwoehnung-nikotinsucht.de/
- http://www.gesundheitskanton.ch/d/nikotinsucht.pdf
- http://www.suchtmittel.de/info/nikotinsucht/000252.php

Quellen zum Thema Internetsucht:

- http://www.suchtmittel.de/info/internetsucht/
- http://www.webaholic.info/aufklaerung/internetsucht.htm
- http://www.onmeda.de/krankheiten/internetsucht.html

Quellen zum Thema Medikamentensucht:

- http://www.blaues-kreuz.org/cms/front_content.php?idart=24
- http://www.netdoktor.de/Krankheiten/Sucht/Medikamentensucht-10690.html
- http://www.borderline-borderliner.de/ssv/Medikamentensucht.htm
- http://www.suchthilfe-magazin.de/medikamente/haeufige-fragen/
- http://www.aponet.de/aktuelles/aus-gesellschaft-und-politik/2012-04-medikamentensucht-weiterhin-grosses-problem.html

Quellen zum Thema Rauschgiftsucht:

- http://rauschgiftfrei.de/sucht.php